THÉORIE

ET

CONSTRUCTION DE LA CHARRUE.

THÉORIE ET CONSTRUCTION

DE

LA CHARRUE,

PRÉCÉDÉES DE RÉFLEXIONS

SUR L'AGRICULTURE EN FRANCE,

Par M. Lefebvre des Allayx,

ANCIEN ÉLÈVE DE L'ÉCOLE POLYTECHNIQUE, EX-INGÉNIEUR DE LA MARINE.

La culture de notre sol est la source la plus féconde de la richesse nationale.

DEUXIÈME ÉDITION, REVUE ET AUGMENTÉE.

LE MANS,

IMPRIMERIE DE MONNOYER, PLACE DES JACOBINS.

1841.

RÉFLEXIONS
SUR L'AGRICULTURE EN FRANCE.

On éprouve des sensations bien pénibles, en apercevant dans nos départements ces vastes étendues de terres incultes, qui sont le symbole de la misère, et en réfléchissant sur les méthodes vicieuses adoptées par la plupart des cultivateurs. A une époque où les sciences, les arts et l'industrie font de grands progrès, on ne conçoit pas qu'une portion de notre sol soit encore telle qu'elle se trouvait au temps de la barbarie. Ainsi pour arriver à Pau, à Tarbes et dans plusieurs autres villes, vous traversez continuellement des bruyères stériles qu'il serait facile de remplacer par de riches productions; la vallée de Bagnères, qui est la terre la plus privilégiée, donne depuis un temps immémorial des récoltes aussi peu variées que le cours des siècles.

Ces belles forêts, dont la nature avait enrichi nos montagnes, ont été dépouillées de leurs majestueux ornements : la hache et le temps ont tout anéanti: l'homme n'a pas encore réparé ce qu'il a détruit.

Dans beaucoup d'autres contrées, le seul guide de tous les travaux est une avidité, mal calculée, de produits qui épuisent le fonds, sans qu'on cesse de les lui demander.

Les entrailles de la terre possèdent les matières propres à augmenter sa fertilité : l'ignorance et la paresse empêchent de profiter de ces ressources si précieuses.

Le seul moyen de sortir de cette stagnation, contraire à tous les intérêts, est de fonder une école centrale, où l'on ne recevrait que des sujets très-instruits et destinés à l'agriculture. On leur enseignerait les arts et les sciences nécessaires aux travaux qu'ils devraient diriger par la suite. Après deux ou trois années d'études, ils passeraient un pareil temps dans des écoles d'application, pour connaître les principes et les pratiques d'une bonne culture, et de tout ce qui s'y rapporte.

On formerait un corps d'ingénieurs agriculteurs : chaque département aurait un directeur et un ou deux sous-directeurs choisis parmi les élèves des écoles d'application. Ils feraient valoir les propriétés de l'état et des communes; ils défricheraient les landes qui pourraient être converties en prairies, en vignes, en bois ou en terres labourables; ils seraient chargés de l'entretien et de l'exploitation des forêts.

On s'attacherait à leur communiquer les préceptes d'une économie bien raisonnée, essentielle dans toute exploitation agricole; les innovations, qui ne conduiraient pas à un résultat positif bien démontré, seraient soigneusement écartées.

Ils amélioreraient les terres et les races des animaux: dans les sols ingrats, on commencerait par élever des bestiaux du pays; lorsque le fonds aurait acquis plus de valeur et que les produits seraient plus abondants et de meilleure qualité, on obtiendrait des espèces plus estimées.

Ils chercheraient les points des domaines publics et même des propriétés particulières, qui pourraient contenir des couches de marne, de tourbe, de charbon de terre et autres substances dont l'extraction serait profitable.

Outre les élèves ingénieurs, on admettrait dans les écoles centrale et d'application, les jeunes gens qui auraient des connaissances suffisantes pour suivre les cours; ce serait un grand avantage pour les propriétaires qui sont souvent embarrassés dans la direction des études de leurs enfants.

Dans les départements, on instituerait aussi des écoles d'agriculture, dont le directeur spécial serait professeur, conjointement avec un sous-ingénieur, et sous l'inspection de l'ingénieur en chef.

Les frais occasionnés par le personnel et le matériel

de ces établissements, seraient promptement surpassés par les pensions des élèves et par l'augmentation des revenus de l'état.

L'introduction des bonnes méthodes et des instruments convenables, l'emploi des engrais que la terre renferme dans son sein, l'abondance des récoltes et l'exemple donné par tous les sujets sortis des diverses institutions, ne tarderaient pas à imprimer une impulsion générale qui produirait des résultats immenses; les esprits les plus prévenus et les plus obstinés à suivre leurs anciennes coutumes, ne pourraient résister aux considérations de leur intérêt particulier. La terre cesserait de nous cacher ses trésors; les forêts reprendraient leur antique splendeur; la France, dont le climat convient à un si grand nombre de plantes utiles, serait toujours le plus beau, le plus riche de tous les pays, et la plus puissante des nations.

PRÉFACE.

L'action et le mécanisme de la Charrue ne sont pas toujours bien compris par les cultivateurs, ni même par plusieurs des ouvriers qui la confectionnent, sans suivre aucune règle fixe.

Le but principal de ce mémoire est d'en donner une explication claire et précise, telle qu'en la réduisant à une courte analyse dégagée des parties scientifiques, on puisse l'enseigner dans les écoles primaires des campagnes, pour éviter l'emploi d'instruments aussi défectueux que ceux dont on se sert trop souvent. Nous y joignons les moyens de les représenter et de les construire exactement suivant les formes voulues.

On a comparé l'effet du soc à celui de deux coins perpendiculaires l'un sur l'autre; il est plus naturel et plus exact de considérer de suite la résistance qu'éprouve un coin tel que le soc lui-même.

Les principes que nous exposons nous ont conduit à adopter une Charrue qui, avec les changements convenables aux diverses circonstances, fonctionne avantageusement dans la plupart des terrains. Elle diffère essentiellement des Charrues ordinaires par la composition de l'avant-train, les formes du soc et du versoir, et par la position du point d'attache de la chaîne de tirage. Sa supériorité est reconnue dans les guérets aussi bien que dans les défrichements; elle divise parfaitement la terre, tranche aisément toutes les racines, n'exige aucuns efforts du laboureur et diminue ceux de l'attelage.

THÉORIE ET CONSTRUCTION
DE LA CHARRUE.

CHAPITRE I.

DU COIN.

La Charrue agissant toujours comme un coin, nous examinerons cette dernière machine, qui sert à écarter les parties d'un corps et souvent aussi à trancher celles que rencontre son coupant ou arrête antérieure.

Dans les traités de statique, on ne considère que l'équilibre du coin, en ayant seulement égard à la résistance qu'éprouvent ses faces latérales; mais dans son mouvement, il est indispensable de tenir compte de la résistance que son tranchant doit vaincre, dans un milieu tel que la terre, où se trouvent souvent des corps étrangers.

Soit un coin prismatique (fig. 1), engendré par un triangle rectangle vertical, dont le plus grand côté de l'angle droit est horizontal, et qui se meut suivant une ligne perpendiculaire à son plan. Faisons-le pénétrer entièrement dans la terre, et mouvoir librement par la simple puissance de la force motrice, de manière que sa face horizontale soit toujours dans le même plan et que la direction du mouvement soit perpendiculaire à sa tête.

Tous les points de son tranchant éprouveront une résistance qui lui sera perpendiculaire, et dont la résultante, passant par son milieu, sera opposée au mouvement.

La face supérieure du coin soulèvera la terre, et par l'adhésion des molécules qu'elle écarte, comme par leur poids et leur frottement, éprouvera une résistance perpendiculaire à cette face, et qui sera plus forte près du tranchant que vers la tête; sa résultante passera par un point voisin du tranchant, à distance égale des deux faces latérales : décomposons-la en deux forces, l'une parallèle, l'autre perpendiculaire à la ligne de mouvement; en réunissant celle-là avec celle qui agit sur le tranchant, on aura une résultante parallèle au mouvement passant par un point de la face inclinée au-dessus du tranchant.

La face horizontale éprouvera une résistance qui lui sera perpendiculaire, et qui, n'agissant point directement contre le mouvement, ne produira qu'une simple pression sur cette face; la direction de la résultante de ces résistances, et celle de la précédente, se rencontreront en un point de la face inclinée.

Toutes les pressions verticales combinées avec le poids du coin, et la résistance qu'éprouve la face horizontale, tendront encore, par le frottement de cette face et de la face inclinée, à diminuer le mouvement et produiront des résistances dont la résultante partielle, parallèle au mouvement, passera par le milieu du coin, et qu'il faut composer avec toutes les résistances horizontales obtenues ci-dessus ; on aura la résistance totale dans le sens du mouvement dont le point d'application sera à distance égale des faces latérales, un peu au-dessus et près du tranchant.

Ainsi, pour mettre le coin en mouvement, il faut lui appliquer une force horizontale plus grande que cette résistance totale, qui aura la même direction et agira dans un sens opposé; cette force ne passant point par le centre de gravité du coin, tendra à le faire tourner autour, en changeant la direction du mouvement, si rien ne s'y oppose.

On voit que la direction de cette force ne doit point être dans le plan de la face horizontale, autrement elle tendrait à le faire tourner, en soulevant son tranchant.

Nous supposons ici de même que dans les coins suivants, qu'ils agissent librement, sans être forcés de se mouvoir suivant une ligne fixe, parce que nous voulons obtenir des résultats qui diminuent, autant que possible, les efforts du laboureur, qui d'ailleurs seraient souvent insuffisants pour empêcher le coin de tourner autour de son centre de gravité.

Ce n'est que lorsque ce coin commence à entrer dans un milieu et surtout dans un corps dur, comme du bois ou de la pierre, que la direction de la force doit être dans le plan horizontal, vu que le tranchant, sans rencontrer précisément un point fixe, éprouve seul une résistance, et alors si elle agissait suivant le centre de gravité du coin, elle le ferait tourner autour du point fixe.

La grandeur et la direction de la résultante totale dépendront de la cohésion des molécules de la terre, du poli des surfaces du coin, de son poids, de l'ouverture de l'angle de sa face inclinée, et des corps étrangers ou des racines que rencontrera le tranchant dans le mouvement du coin. Les molécules de terre seront soulevées jusqu'à sa tête, et elles tomberont derrière, à mesure qu'il avancera.

Si on suppose le même coin dans une position telle que sa face rectangulaire horizontale devienne verticale (fig. 2), parallèle à la ligne de mouvement, on trouvera de même la résultante de toutes les résistances et son point d'application. Il ne ferait qu'écarter les molécules de terre, à droite, de toute la largeur de sa tête.

CHAPITRE II.

—

DU SOC DE LA CHARRUE.

Le soc d'une charrue n'est autre chose qu'un coin pyramidal à trois faces (fig. 3), dont l'une verticale est parallèle à la ligne horizontale du mouvement, une autre est horizontale, la troisième, inclinée sur celle-ci, les joint toutes les deux et les termine chacune par une arête ou tranchant; sa tête est dans un plan vertical perpendiculaire à la première face, et son sommet supérieur est au niveau de la surface de la terre, ou même au-dessous.

Son tranchant de droite éprouvera une résistance horizontale dont la résultante lui est perpendiculaire, passe par son milieu, et donne par la décomposition deux forces, l'une perpendiculaire à la face verticale, qui produira sur elle une pression, l'autre parallèle au mouvement auquel elle s'oppose directement.

Le tranchant de gauche supportera de même l'action de deux forces, l'une verticale, qui pressera la face horizontale; l'autre directement opposée au mouvement. Leur résultante passe plus près de la pointe du coin, qui se trouvant plus enfoncée, est refoulée par toute l'épaisseur de la couche de terre; ce tranchant, dont l'autre extrémité effleure la surface de la terre, aura une résistance bien moins grande que celle du tranchant horizontal, qui a partout la même couche de terre sur lui, et qui d'ailleurs est plus long et forme ordinairement un angle moins aigu avec la ligne de mouvement.

La résistance sur le tranchant horizontal qui est à son milieu sera plus éloignée de la pointe que celle de l'autre tranchant.

La résultante des résistances qui agiront sur la face inclinée, tant par la cohérence des molécules de terre que par le poids et le frottement de la couche de terre, lui est perpendiculaire, et peut être décomposée en trois : l'une verticale, une autre perpendiculaire à la face verticale, la troisième sera horizontale, directement opposée au mouvement et plus près du tranchant horizontal que de l'autre; elle approchera aussi plus de la pointe que le centre de gravité de cette face. Les faces horizontale et verticale éprouveront des résistances qui leur seront perpendiculaires et ne produiront que des pressions sur ces faces; les directions de leurs résultantes et celle de la précédente se rencontreront en un point de la face inclinée.

Pour simplifier cette théorie, nous n'avons pas

donné ici les expressions de toutes ces composantes, en fonction de leurs résultantes et des angles avec les directions des résultantes, et par suite en fonction des angles des tranchants avec la ligne de mouvement; on les trouvera à la fin de ce mémoire.

Toutes les pressions ci-dessus étant combinées avec le poids du corps, et celles qui sont exercées sur les faces horizontale et verticale par l'effet de la résistance qu'elles éprouvent elles-mêmes, donneront encore par les frottements des trois faces du coin, deux forces directement opposées au mouvement, et qu'on devra composer avec celles que nous avons déjà trouvées; on aura leur résultante totale, dont le point d'application sur la face inclinée sera plus près du tranchant horizontal et entre son centre et la pointe du coin.

La force horizontale qui fera mouvoir le coin devra passer par ce point, autrement elle tendrait à le faire tourner.

Dans ce coin, comme dans les précédents, la direction de la résistance ne passant point par le centre de gravité, la force motrice tendra aussi à le faire tourner autour de ce centre, s'il n'y a pas d'opposition.

Le tranchant horizontal coupera une bande de terre qui sera détachée, à gauche, par le tranchant vertical; la face inclinée ou supérieure soulèvera parallèlement au mouvement, ainsi que de gauche à droite, cette bande, qui se séparera de la face verticale à partir de la pointe du soc, par l'inclinaison de la face et par le peu de cohésion des molécules, et vu que sa surface, égale à celle de la face horizontale, est plus petite que celle de la face supérieure.

Les molécules de terre soulevées et écartées à droite, n'ayant pas beaucoup de cohésion, il en tombera une partie à droite, mais la plus grande portion tomberait derrière le coin, à mesure qu'il avancerait, si l'on n'adaptait pas à l'arrière de sa face inclinée un versoir ou oreille, dont la surface, se raccordant avec celle du soc à l'arrière, s'élève verticalement dans toute son étendue et même dépasse la verticale dans ses parties supérieures, en devenant légèrement concave; la terre soulevée par le soc s'élève contre ce versoir, qui la renverse entièremeut à droite, en dehors de toute sa largeur.

Par l'effet de ce versoir, les molécules de terre monteront encore à une certaine hauteur contre sa surface, semblables aux vagues qui s'élèvent à l'avant d'un corps se mouvant dans une eau calme; mais elles finiront par être écartées et renversées à droite; cela apportera aussi un changement à la résistance totale, qui en sera augmentée et un peu plus élevée.

De même qu'il est très-difficile de calculer la résistance qu'éprouve un corps mû dans l'eau ou dans tout autre milieu, on ne pourra obtenir exactement la grandeur et la direction de la résultante de toutes les résistances; elles varieront en raison de l'adhésion des molécules de la terre, des racines ou autres obstacles qui seront rencontrés, ainsi que du poli des surfaces, du poids et de la forme de la Charrue, et des angles formés par les deux tranchants avec la ligne de mouvement; mais on parviendra, par toutes les considérations ci-dessus, à un résultat très-approximatif.

CHAPITRE III. *

COMPOSITION D'UNE CHARRUE, DIMENSIONS DE SES DIFFÉRENTES PARTIES.

La Charrue est un instrument qui remplace la bèche pour bien diviser la terre plus promptement et lui donner toutes les préparations nécessaires à sa culture.

Il y en a de beaucoup d'espèces, qui sont loin d'atteindre le but qu'elles doivent remplir; nous en décrirons une qui convient généralement à la plupart des terrains, en lui faisant subir de légères modifications.

Le soc ABC (fig. 4) est en fer avec une pointe et un tranchant horizontal en acier; ce tranchant fait un angle d'environ 20.° avec la face verticale; il devient légèrement concave, ensuite convexe, pour trancher plus facilement la terre; sa longueur est de 0 m. 473; son plus grand écart de la face verticale est de 0 m. 223.

---

* Il est facile de faire une analyse de ce chapitre et des suivants pour enseigner dans les écoles primaires, en y joignant les résultats des deux premiers.

Le tranchant vertical fait un angle d'environ 12.° avec l'horizon; il est presque droit, peu concave, dans une longueur de o, 3o, ensuite il remonte pour se raccorder avec le versoir, en devenant légèrement convexe.

La face supérieure et inclinée du soc est un peu concave; à o, 3o de la pointe, elle s'élève à l'arrière dans toute sa largeur, pour s'unir au versoir, qui continue d'être concave et qui dépasse la verticale en haut et en avant pour renverser la terre; ce versoir A'DB est légèrement convexe à droite dans le sens horizontal, afin que la terre glisse plus facilement contre sa surface. Son arrête supérieure est convexe, s'élève à son milieu de o, 17 au-dessus de l'arrière de la face inclinée du soc, ou de o, 3o au-dessus de la face horizontale, et se raccorde avec le tranchant vertical et avec le tranchant horizontal, en dépassant ce dernier en arrière, à droite, de o, 33.

L'espace compris entre les trois faces du soc est vide; l'extrémité postérieure du tranchant horizontal est liée à la face verticale par une tringle de fer Ai de o, 22 mil. de large, vu que la face horizontale n'est pas entièrement en fer, c'est-à-dire qu'elle ne se prolonge pas en arrière, comme la face inclinée; elle n'a qu'une branche du côté de la face verticale, qui, à partir du versoir, se prolonge à l'arrière de o, 28; cette face ne se compose que de la pointe du soc, du tranchant et de la branche qui est sous le sep; la tringle dont nous venons de parler est retenue en avant par la tête d'une cheville de fer tt' pénétrant le sep.

L'espace vide du soc est rempli, à gauche, à partir de la face verticale, par la pointe d'une pièce de bois nommée sep EF, de 0 11 de large sur 0,08 d'épaisseur, et 1,055 de long. Ce sep entre de 0,14 dans le soc; le surplus des faces horizontale et verticale gauche du sep, qui n'entre pas dans le soc, est recouvert d'une bande de fer pour les préserver du frottement; à 0,26 de l'extrémité postérieure du sep est fixée une jambette IG faisant avec lui un angle de 70.° et ayant 0,70 de long sur 0,10 d'épaisseur, et 0,08 de largeur.

Deux branches courbes ou manches sont jointes à cette jambette; leur longueur est de 1,25, leur écart 0,72; l'extrémité de celle de droite est un peu plus basse que celle de gauche, afin de donner plus de facilité pour soulever ou renverser un peu le soc à gauche. Ces deux branches, d'environ 0,035 sur 0,075 d'écarrissage, sont maintenues par deux traverses.

La flèche SX, ou l'age, s'assemble dans la jambette, qu'elle traverse à 0,175 au-dessus du sep; elle a 2,53 de long sur 0,11, et 0,095 d'écarrissage vers son milieu, qui est légèrement convexe en dessous; elle n'a que 0,07 sur 0,09 d'écarrissage près de la jambette, et 0,06 à l'autre extrémité; elle fait un angle de 18.° à 20.° avec le sep. Ses deux extrémités doivent être en ligne droite, pour qu'elles ne fassent pas, avec le sep, un angle trop ouvert, lorsqu'on voudra un labour plus profond.

Cette flèche est liée au soc par une barre platte de fer nommée crête L, qui la traverse à o, 50 de la jambette; le bout de la crête a plusieurs trous et une goupille en fer pour donner plus ou moins d'ouverture à l'angle de l'age avec le sep. en outre, la flèche est liée au sep par deux traverses H',H, de manière qu'on puisse augmenter ou diminuer à volonté l'angle qu'ils font.

Elle repose sur un avant-train composé de deux roues de o, 39 de rayon, éloignées l'une de l'autre de o,68 ; d'un patron NO de o,32 de long, et de o,18 sur o,10 d'écarissage, traversé par l'essieu en fer; et d'une sellette PQ de o,68 de long sur o,15 et o,12 d'écarrissage.

Au-dessous du milieu du patron est fixée une bande de fer UZ prolongée en avant par une barre de fer ZZ' de o,33 de long à l'extrémité de laquelle est un collier fixe embrassant le milieu de la volée VY, qui a 1,16 de long sur o,10 et o,03 d'écarrissage, et qui est maintenue par deux arcs-boutants rV,r'Y; à l'arrière de cette bande est une boucle U qui reçoit aussi une chaîne de o,39, terminée par un anneau retenu dans un crochet au bout d'une forte cheville en fer MK, de o,29 de long, nommée jauge, qui traverse la flèche; la tête de cette cheville dépasse le dessus de l'age de o,10, et est percée de plusieurs trous dans lesquels on passe une goupille pour faire descendre plus ou moins le crochet qui reçoit la chaîne, selon que le centre de résistance est plus ou moins bas.

Le milieu de la flèche est percé de trous, dont le plus éloigné est à 1,18 de la jambette, et le plus rapproché en est distant de 0,83; entre le premier et le dernier, une bande de fer est clouée en dessous; c'est dans l'un d'eux qu'est fixée la cheville ci-dessus désignée.

La sellette a aussi dans toute sa longueur plusieurs trous dans lesquels on met deux chevilles, une de chaque côté de la flèche, pour la maintenir et faire des raies plus ou moins larges.

Les traits attachés à la volée et aux colliers des animaux attelés deux à deux ont 3,11 de long; ils forment un angle avec l'horizon, et le plan de ceux qui sont fixés à la volée doit passer par le centre de la résistance qu'éprouve le soc.

En avant du soc on fixe à la flèche un coutre JC en fer à peu près dans le même plan que la face verticale de ce soc, pour fendre la couche de terre : il est assez rapproché de la crête, très-recourbé et large de 0,11 à son milieu pour qu'il y ait peu de vide entre lui et la crête.

Les charrues qui reposent sur un avant-train s'appellent charrues composées. Il y en a qui n'en ont pas, on les appelle charrues simples. Leur age incliné ou horizontal s'assemble avec le soc, le sep et les jambettes; nous les comparerons à celle que nous venons de décrire.

Dans quelques provinces, on se sert d'une charrue composée qui diffère essentiellement de la précédente par son soc qui est simplement une pointe de fer sans tranchant, et par son oreille ou versoir qui est un madrier de 1 m. de long sur 0,18 de large et 0,05 d'écarrissage, fixé au soc et au sep par une pièce de bois horizontale de 1,18 de long et 0,05 d'épaisseur, nommée orillon, dont une extrémité vient au bout du sep près de la pointe du soc, et l'autre est écartée du sep de 0,51. Un pareil soc traverse la terre, mais il ne la divise pas. Le versoir dont la surface est légèrement gauche et renversée en avant à sa partie supérieure, a une si grande étendue qu'il s'oppose à un labour profond, et qu'il entraînerait une masse de terre très-considérable en fatiguant beaucoup le laboureur et l'attelage, sans faire un bon ouvrage, si l'on ne penchait pas la charrue à gauche en unissant simplement la surface du billon dont l'intérieur n'est pas divisé. Elle peut marcher dans des terres légères. Mais elle est tellement contraire au but qu'on se propose, que nous n'en parlerons pas davantage.

CHAPITRE IV.

—

EXAMEN DES DIVERSES PIÈCES D'UNE CHARRUE; PRINCIPES GÉNÉRAUX.

En considérant l'ensemble de tout le systême d'une charrue composée, sans son avant-train, on trouvera que son centre de gravité est un peu à droite de la face verticale du soc, près de sa face supérieure ou inclinée, mais un peu plus haut que le centre de résistance, et plus à gauche.

La direction de la force motrice qui devrait passer par le centre de résistance ne pouvant être horizontale, et faisant un angle avec le sep, cette force sera décomposée en deux : l'une verticale, qui tendra à soulever le soc; l'autre horizontale, qui seule mettra le systême en mouvement. L'effet de la force verticale sera détruit par le poids de la charrue et de l'avant-train, par la résistance que le soc éprouve et par les efforts du laboureur; c'est aussi ce qui empêchera tout le systême de tourner autour de son centre de gravité. Les points où les traits des animaux se fixent sur leurs colliers sont les points de tirage; ceux où ils sont liés à la volée, ceux du patron et de la cheville de jauge, où se mettent les extrémités de la chaîne, sont les points d'attache. Le plan qui les contient devra passer par le centre de résistance, ce qui évitera toute pression sur l'avant-train.

Si la direction de la résultante des forces motrices était au-dessus de ce centre, elle tendrait à faire tourner le soc de haut en bas, sa pointe s'enfoncerait davantage sans l'avant-train qui supporterait une plus grande pression; il en résulterait une double décomposition de la force motrice. La première se ferait en deux forces, l'une passant par le point d'attache et le centre de résistance, l'autre verticale qui tendrait à faire tourner le soc de haut en bas et exercerait une pression sur l'avant-train. La seconde décomposition serait celle de la force qui passe par le point d'attache et le centre de résistance; elle en donnerait deux, dont l'une verticale tendrait à soulever l'avant-train, l'autre horizontale agirait seule dans le sens du mouvement : ainsi son effet serait bien diminué.

Si cette direction était au-dessous du centre de résistance, la force subirait encore une double décomposition qui l'affaiblirait et tendrait à soulever le soc. Ce défaut serait atténué par le poids de l'avant-train et de la charrue, et par l'action du laboureur.

Les animaux d'une taille peu élevée, comme les bœufs, etc., perdront moins leur force qui se rapprochera plus de la ligne horizontale que celle des grands chevaux; ainsi ils auront plus d'avantages pour tirer.

La direction de la force motrice est dans le plan vertical de l'axe de la flèche. La face verticale du soc est dans le plan de la face verticale gauche de cette flèche. Le centre de résistance pourra être un peu à droite du centre de gravité et de cette force qui ferait tourner le soc à droite, si la résistance ne corrigeait pas en partie ce défaut, conjointement avec les efforts du laboureur.

Les coutres ou tranchants qu'on met en avant du soc dans le plan de sa face verticale, éprouveront de simples résistances horizontales et verticales qui remplaceront celles du tranchant vertical; leurs faces latérales s'opposeront aussi au mouvement du soc à droite ou à gauche.

La flèche fait avec l'horizon un angle de 18.° à 20.° qui doit être tel que le plan des points de tirage et d'attache passe par le centre de résistance pour éviter les doubles décompositions que nous avons fait connaître, qui en exerçant une pression sur l'avant-train, ou en le soulevant, diminueraient aussi l'effet de la force motrice.

C'est de cet angle que dépend la plus ou moins grande facilité de faire un labour profond, ce qu'on appelle donner de l'entrure au soc.

Avec la charrue à avant-train pour faire enfoncer le soc davantage, il suffit de le reculer en allongeant la flèche derrière l'avant-train; le centre de résistance baisse en même temps qu'il recule, la flèche et par suite le point d'attache seront donc à peu près dans la même direction, et la force motrice passera toujours par le centre de résistance; ainsi elle n'aura pas une décomposition beaucoup plus grande; seulement la résistance sera généralement augmentée, ce qui donnera plus de peine aux animaux.

Si l'angle de la flèche avec le sep était trop grand, cela forcerait à avancer la flèche sur la sellette; le centre de résistance serait d'autant plus bas qu'on donnerait plus d'entrure, mais les points d'attache et de tirage restant à la même hauteur, la direction de la force serait beaucoup au-dessus du centre de résistance, ce qui lui ferait supporter une plus grande perte par sa double décomposition qui donnerait aussi une plus grande pression sur l'avant-train.

Les mêmes inconvénients auraient lieu, si, pour faire un labour plus profond, on se contentait d'enfoncer le soc davantage, sans allonger la flèche en arrière.

On voit que pour donner plus d'entrure, il est avantageux que la flèche fasse un angle moins ouvert avec le sep. Il ne faut pas aussi que cet angle soit trop petit pour ne pas obliger à avoir des roues trop basses, et pour ne pas faire relever la pointe du soc par la force motrice dont la direction passerait au-dessous du centre de résistance, de manière qu'il serait bien difficile de faire un labour profond. Le seul moyen de diminuer beaucoup cet angle et même de rendre la flèche parallèle au sep, est d'élever ses points d'assemblage avec la jambette.

Pour que le soc entame une bande de terre plus ou moins large, il suffit de porter la flèche plus ou moins à gauche ou à droite sur la sellette où elle est maintenue par deux chevilles dans les trous dont elle est percée.

On peut donner à la flèche une légère inclinaison à droite, afin qu'elle soit dans son aplomb lorsque le soc étant un peu large et le versoir avançant beaucoup à droite, on voudra pencher la charrue à gauche pour prendre moins de terre.

La longueur des traits et celle de la flèche influent beaucoup aussi sur la marche de la charrue. Elles doivent toujours être telles que la ligne de tirage ne soit ni au-dessus, ni au-dessous du centre de résistance pour éviter des décompositions qui diminueraient la force motrice et augmenteraient la pression sur l'avant-train, ou tendraient à le soulever.

Il faut encore observer que la trop grande distance du point de tirage à celui de la résistance fait perdre une portion de la force, et lorsque ces points sont trop rapprochés, les secousses de l'attelage sur la pointe du soc étant trop sensibles, et la force qui tendra à soulever le soc ayant plus d'effet, le labour sera plus inégal et plus pénible.

La forme du soc est une des choses essentielles dans une charrue. Le tranchant horizontal doit faire avec la ligne de mouvement un angle tel que la résistance soit la plus petite possible; il en est de même de l'angle de la face inclinée et par suite de celui du tranchant vertical avec l'horizon. Si ces angles sont trop petits, il y aura un frottement plus considérable sur la face inclinée; l'écartement que doit produire un coin sera presque nul, et les tranchants auront peu d'effet. S'ils sont trop grands, les tranchants et la face inclinée rencontreront des résistances beaucoup plus fortes qui s'opposeront à la marche du soc.

Dans les terres homogènes, légères ou compactes, les angles devront être plus grands que dans celles qu'on veut défricher, où l'on rencontrera des racines et autres obstacles. Les terrains pierreux demandent aussi des socs plus aigus : mais, dans tous les cas, il n'est pas exact de dire que plus les angles sont petits, plus l'effet est grand.

Beaucoup de charrues ont un soc très-effilé dont la face supérieure est convexe; il est évident qu'en terre légère, elles peuvent la pénétrer et la refouler, mais elles ne la divisent pas et font un mauvais labour avec plus de difficultés : elles conviendraient encore moins dans des terres compactes.

Il est nécessaire que la face inclinée du soc soit légèrement concave vers les tranchants, pour augmenter leur efficacité. Elle sera droite au milieu et s'élèvera graduellement à l'arrière jusqu'à sa réunion avec le versoir, pour mieux soulever la terre, sans former un creux qui puisse la retenir et augmenter le tirage.

Les dimensions du soc et du versoir dépendent de la nature du terrain et de l'espèce de travail qu'on veut exécuter. Lorsqu'on labourera en planches, ils seront plus larges : mais pour des billons étroits et très-bombés, tels que ceux des terres mouillantes sur un fond argileux, il faut un soc plus étroit. Le versoir sera plus élevé, plus déversé en avant, pour bien retourner la terre, et s'étendra moins à droite en s'effaçant en arrière, afin de ne pas la rejetter trop loin.

Les sols trop compacts seront mieux divisés par un soc étroit. On fixera le versoir de manière à ce qu'on puisse l'avancer à droite, ou le reculer, selon qu'il faudra, plus ou moins, écarter la terre. Il ne descend que jusqu'à 0,055 du tranchant horizontal, pour ne pas gêner le passage de la terre ni la porter trop à droite ; sa ligne de réunion avec le soc n'est pas dans un plan vertical transversal; son extrémité supérieure éloignée de 0,125 de la face verticale du soc, est à 0,055 plus en avant que sa partie inférieure, parce que le soc ne peut s'élever autant que le versoir, et afin que la jonction ne se fasse pas trop brusquement.

Les manches servent à diriger la charrue ; on leur donnera une longueur et un écart suffisants pour que les efforts du laboureur soient moins pénibles.

Tout le systême de la charrue forme un levier dont le point d'application de la puissance est à l'extrémité des manches, la résistance est vers la pointe du soc ; le point d'appui est au point d'union de la flèche avec la sellette dans les charrues à avant-train, et au talon du sep dans les charrues simples. Ainsi avec les premières pour enfoncer ou soulever la pointe du soc, on pèse sur les manches, ou bien on les élève, tandis qu'avec les secondes il faut au contraire les élever ou peser dessus. La longueur du sep est avantageuse pour empêcher les mouvements de rotation de la pointe du soc.

L'effet de l'avant-train est de s'opposer à ce que le soc pique plus ou moins profondément, et à ce que la charrue soit renversée à gauche ou à droite par les pressions latérales ou par toute autre cause.

La sellette donne les moyens de trancher une bande de terre plus ou moins large en portant la flèche plus ou moins à gauche.

La hauteur des roues doit être telle que les directions des forces motrices soient dans un plan qui passe par le centre de résistance. Ces roues ne diminuent point l'effet de la résistance, parce qu'elle agit immédiatement sur l'essieu en sens opposé à la force motrice. Elles ne servent qu'à alléger la pression verticale de l'avant-train. On ne peut augmenter leurs dimensions à volonté. Si elles étaient trop hautes ou trop basses, la force motrice supporterait une plus grande perte par sa double décomposition, et il y aurait en outre une pression sur l'avant-train, ou bien une force qui tendrait à le soulever.

Elles peuvent s'embarraser de terre et d'herbes qui jointes au poids de l'avant-train, et à la pression qu'il pourra supporter, entraveront leur marche. Mais cela ne produira qu'une faible diminution sur la force motrice par l'effet des roues. Elles doivent être très-légères, et il y a des pays où elles sont en fer; alors elles sont d'un très-faible échantillon pour diminuer leur poids, ce qui les rend moins solides, d'un établissement et d'un entretien plus coûteux et moins commode; dans des terres humides et fortes, elles les coupent, s'enfoncent davantage et rendent le tirage plus difficultueux.

On remarquera que dans la charrue que nous venons de décrire, la direction de la résultante des forces motrices pourra toujours passer à la même profondeur que le centre de résistance, au moyen de la convexité du dessous de la flèche et de la plus ou moins grande saillie de l'extrémité de la cheville sous la flèche. Tandis que dans la plupart des charrues à avant-train dont on se sert, le point d'attache étant au-dessus de la flèche, la direction de la force est toujours beaucoup au-dessus du centre de résistance d'où résulte une grande perte dans cette force, et une forte pression sur l'avant-train.

En outre, dans ces charrues, la volée est liée à une pièce, qui fait le prolongement du patron; cette pièce, qui est supprimée, a un poids qui fatigue beaucoup les animaux. Ainsi ils perdront moins de leur force, et ils n'auront pas un si grand fardeau à supporter dans le tirage. Enfin, il sera toujours facile de faire en sorte que la flèche porte fort peu sur l'avant-train, ce qui rendra le travail bien moins pénible. Les principales qualités reconnues à cet instrument très-simple que nous adoptons de préférence à tout autre, sont d'être plus léger et plus solide, de très-bien diviser la terre en faisant beaucoup de guéret, de trancher aisément les racines, d'exiger moins de force de l'attelage, de conserver la raie sans aucun effort du laboureur, et de ne pas varier d'entrure dans sa marche: pour changer l'entrure, il faut que la flèche remonte ou s'abaisse sur la sellette, ou que la chaîne qui unit l'avant-train à la cheville de jauge s'allonge; mais cette chaîne ne peut s'allonger et l'extrémité de la flèche ne remonte pas sur la sellette et ne descend pas, par son inclinaison, par son frottement, par la résistance du soc et par la tension de la chaîne, qui remplit ainsi les fonctions d'un des leviers de la charrue Granger.

Enfin, tout le systême ne peut incliner à droite, ni à gauche, par la grande stabilité qu'il possède en vertu de la largeur de la base du soc, et de la direction de la force motrice qui au lieu d'être brisée et élevée au-dessus de la flèche, arrive directement au centre de résistance. Cette stabilité rend donc inutile toute autre installation pour produire cet effet; il n'y a que dans les terrains en pente et labourés en billons profonds qu'on pourra être obligé de maintenir par un levier la position inclinée des roues, en leur donnant aussi des dimensions inégales.

Dans les montagnes escarpées on aura recours à l'araire en faisant des raies étroites qui demandent un soc et un versoir moins larges.

Cette charrue convient dans la plupart des terrains et dans les défrichements. Mais ayant un soc large, et devant être tenue ordinairement dans une position droite, elle remuera beaucoup de terre qu'elle rejettera assez loin et qui ne sera pas unie par le frottement du dessous du versoir, comme dans la plupart des autres charrues qu'on est obligé de renverser à gauche pour ne pas entraîner tout le billon. Il sera toujours facile d'égaliser avec une herse la surface du labour qui se trouvera bien plus parfait; on devra aussi enterrer la semence avec un autre soc plus étroit et à deux oreilles qui, d'un seul tour, relèveront de chaque côté le reste de l'ancien billon.

CHAPITRE V.

—

DES MOYENS DE DÉTERMINER EXACTEMENT LES FORMES DU SOC ET DU VERSOIR.

On peut représenter ces formes en faisant des sections verticales et horizontales qui serviront à exécuter avec beaucoup de précision ces deux parties de la charrue, et même à les corriger ou à les modifier selon les circonstances. Prenons, pour plan horizontal de projection, le plan HOE (figure 5) de la face horizontale du soc, et pour plan vertical, celui OEP de sa face verticale.

Soient, les projections horizontales HOMA et MIBDA du soc et du versoir, et leurs projections verticales OF'QQ'N, QQ'NSR; celles de la ligne courbe de leur réunion sont AM, QN.

Le tranchant horizontal et le vertical sont HO, N'O.

Faisons: 1.° trois sections horizontales; la première DIF à 0,07 du plan horizontal;

La seconde B''C'D' à 0,17 au-desus de celle-ci;

La troisième BA'AM passant par le point M' de jonction du bord supérieur du versoir avec le soc ;

2.° Trois sections verticales longitudinales ; la première P'QG passant par le point inférieur Q de la ligne de réunion du soc avec le versoir;

La seconde KT à 0,041 du point A;
La troisième à 0,041 de la précédente;

3.° Cinq sections verticales transversales qui seront déterminées par les précédentes, en prenant les distances horizontales au plan vertical de projection et les hauteurs, au-dessus du plan horizontal HEO, des intersections des plans transversaux avec les sections obtenues et avec les bords du versoir ou leurs projections.

La première JJ' à 0,138 de la pointe du soc;
La seconde UU' à 0,305 du même point;
La troisième XX' passant par le point A;
La quatrième YY' à 0,111 de ce point;
La cinquième ZZ' à 0,111 de celle-ci.

Le soc et le versoir seront bien déterminés par toutes ces coupes qu'on pourra changer suivant la nature du terrain. Elles fourniront aussi les moyens de les construire exactement.

On les rapportera sur des planches très-minces,

taillées suivant leurs contours, nommées patrons ou gabaris, sur chacun desquels on marquera les intersections de leurs plans avec ceux des sections horizontales. L'ouvrier les présentera alternativement dans leurs positions respectives, devant les pièces qu'il travaillera jusqu'à ce qu'elles aient les mêmes formes.

Pour plus de simplicité et d'économie, on peut faire le versoir en bois dur qui sera d'un aussi bon usage et moins pesant que s'il était en fer.

Prenez un madrier de 0,36 de long, 0,303 de haut, sur 0,125 d'épaisseur pour être réduit à 0,034 en lui donnant les formes voulues, au moyen des patrons.

Soit une équerre ABCD (fig. 6), à trois branches, dont la principale AC a 0,50 de long, les deux autres AB et CD ont chacune 0,249; l'une de ces dernières branches est fixe, l'autre peut se mouvoir sur la plus grande. Marquez sur celle-ci les hauteurs des points des bords du versoir, et sur les autres branches établissez les distances de ces points à un plan vertical qui serait à 0,083 du point inférieur A (fig. 5), en mettant en bas les hauteurs ainsi que les distances des points du bord inférieur, et en haut celles du bord supérieur; chaque marque devra porter le numéro de sa section.

Renversez le madrier BCEK (fig. 7) sur un plan uni et solide BDI qui représentera le plan vertical ayant tourné d'un quart de cercle; soulevez de 0,083 son côté gauche CI pour éviter d'enlever trop de bois et d'en prendre un plus épais.

La première section transversale AA' passant par le point A sera marquée à 0,083 du côté droit du madrier qui repose sur le plan ; la seconde section GG' à 0,195 de ce même côté, et la troisième FF' à 0,305. La première n'est qu'à 0,042 de l'extrémité supérieure M (fig. 5) de la ligne de réunion du soc et du versoir; mais, ce dernier doit recouvrir le soc d'environ 0,041, ainsi son point le plus éloigné M', ou le côtè droit BJ (fig. 7), est à 0,083 de la première section. Le nouveau plan vertical M'M" (fig. 5) de projection, passe par ce point et se trouve à 0,083 du point A.—Placez l'équerre le long de chaque section verticale sur le madrier qui sera compris entre les deux petites branches. Marquez les hauteurs Gh, Fh', etc. (fig. 7) des bords du versoir; faites passer la scie par les points obtenus. En mettant de nouveau sur les sections l'équerre ouverte de toute la longueur de chacune d'elles, marquez aussi les distances Ao, Gg', Ff', etc. (fig. 8) au plan vertical devenu horizontal; vous aurez la courbe og' f' Q'r E qui sera le bord postérieur.

Faites les entailles suivant les sections verticales, et présentez-leur les patrons de ces sections.

Opérez de même pour les sections horizontales PP', QQ', RR' que vous tracerez à leurs distances ci-dessus indiquées. Enlevez avec une herminette tout le bois compris entre les entailles, vous obtiendrez une des faces du versoir de la forme qu'on désire.

A toutes les extrémités des sections transversales et à d'autres points des bords, portez, au-dessus, l'épaisseur 0,034 ; tracez les nouvelles courbes du contour extérieur Jqi Q' g" sI; faites des entailles et présentez les patrons, enlevez le bois cxcédant, vous aurez la face antérieure, sur laquelle vous tracerez la ligne de réunion qS avec le soc, ainsi qu'une semblable tt' à 0,03 de distance de celle-ci ; la portion comprise entre ces deux courbes recouvrira le soc. Détachez avec la scie tout ce qui dépasse à droite ; ôtez 0,005 de bois à toute la portion excédante du versoir qui reçoit le soc, et fixez-le au sep et à la jambette comme s'il était en fer.

Si la nature du sol en exige un différent, on changera la forme des patrons : ainsi, vous donnerez plus de saillie aux bords supérieurs des sections verticales, si les molécules de terre ne sont pas bien renversées. Lorsque la terre devra être plus écartée à droite, vous éloignerez les sections horizontales du plan vertical de projection, en augmentant les distances de leurs patrons et celles des extrémités des sections verticales. — Jusqu'ici on ne suivait aucune méthode pour tailler un versoir d'une forme quelconque ; celle que nous présentons est simple, facile à exécuter et indispensable aux ouvriers. Ils apprendront aisément à tracer les sections nécessaires à la formation des patrons, de même que les charpentiers, les tailleurs de pierre, etc., font leurs épures pour confectionner les objets qu'ils travaillent. Ils pourront aussi former ces modèles sur une autre charrue, en marquant les sections et en prenant les distances de leurs points extrêmes à un plan vertical, ainsi qu'à un plan horizontal. *

---

* M. Courtiller, charron à Oizé, a parfaitement compris et exécuté tous ces travaux.

CHAPITRE VI.

—

COMPARAISON DE LA CHARRUE COMPOSÉE AVEC L'ARAIRE ; — CONCLUSIONS.

Il y a des araires dont la flèche fait un angle aigu de 20.° à 25.° avec le sep; dans d'autres espèces, elle est horizontale et à la hauteur du point d'attache.

Le point d'attache est toujours à l'extrémité de leur flèche, à laquelle on fixe solidement un régulateur pour élever ou abaisser ce point, et donner plus ou moins d'entrure, ou pour le porter à gauche et à droite en entamant une bande de terre plus ou moins large.

Les directions des forces motrices doivent aussi être dans un plan passant par le centre de résistance. Autrement, le soc aurait un mouvement de rotation qui ne pourrait être détruit que par un plus grand effort du laboureur, vu qu'il n'y a pas d'avant-train pour s'opposer à ce défaut.

Pour donner plus d'entrure, il suffit d'enfoncer le soc davantage et d'élever un peu le point d'attache sur le régulateur, ce qui rendra l'angle de la force motrice plus aigu, et lui fera supporter une plus grande perte. Il faut aussi, comme dans les charrues à avant-train, que l'angle de la flèche ne soit pas trop grand pour éviter une double décomposition de la force qui sera d'autant plus grande que le labour sera plus profond.

Si le terrain renferme des pierres, des racines et autres obstacles, ou même si n'étant pas parfaitement homogène, il est très-compact et tenace, le tranchant horizontal rencontrera des espèces de points fixes qui porteront le centre de résistance vers ce tranchant, et la direction de la force, qui passe ordinairement plus haut, tendra à faire tourner le soc en l'enfonçant de plus en plus. La résistance en sera augmentée, et tous les efforts du laboureur ne pourront empêcher cet effet. Il faudra qu'il soulève entièrement le soc en pesant sur les manches. Le labour sera très-inégal et très-fatiguant. L'expérience nous a même appris qu'il était impossible de diriger cette charrue dans de pareils terrains lorsqu'on veut un labour profond. Elle ne convient pas aussi dans les labours en billons élevés où il est difficile de la maintenir, et encore moins dans les défrichements où l'on rencontre beaucoup d'obstacles : ce n'est que dans les terres légères, et dans celles qui sont compactes et parfaitement homogènes, qu'elle paraîtra préférable à la charrue composée, sous le rapport de l'économie de la force qui est un peu diminuée par l'avant-train ; mais toujours faudra-t-il une plus grande perfection dans sa construction, une plus grande solidité, et une attention plus soutenue de la part du laboureur. Tous les défauts de construction de la charrue composée seront moins préjudiciables, parce que l'avant-train s'opposera à ce que le soc s'enfonce davantage, ou sorte de la terre. Il pourra seulement en résulter une diminution dans la force motrice. Mais elle sera affaiblie par l'office des roues dans le cas d'une plus grande pression, ou compensée par le poids de ce système lorsque les points d'attache seront plus bas. Au surplus, on aura toujours soin que la flèche porte peu sur l'avant train; nous avons donné les moyens de l'éviter. Ainsi cet avant-train diminuera très-peu la force, et rendra le labour bien plus égal, tandis que dans l'araire la résistance et l'entrure pouvant varier à chaque instant, la force supportera de plus grandes pertes, et le travail ne sera pas égal.

Il est démontré que dans des terrains pierreux, ou remplis de racines, et dans des fonds très-tenaces et et non homogènes, la Charrue à avant-train est la seule qu'on puisse employer; elle convient également dans le plupart des autres circonstances; ainsi nous regardons son usage comme plus généralement avantageux que celui de l'araire.

On devra s'attacher à bien calculer toutes les proportions de ses diverses parties, suivant les principes ci-dessus développés, en ayant égard à la position du centre de résistance et du centre de gravité de tout le système ; ces pièces devront être de matières de première qualité et du plus faible échantillon possible, pour diminuer leur poids et soulager les animaux.

On ne peut établir une Charrue convenable à toute espèce de sol ; la forme du soc, et les dimensions de toutes ses pièces devront varier suivant la nature du terrain ; mais il sera toujours facile de faire les changements nécessaires et d'obtenir un bon instrument en ne s'écartant pas de la théorie que nous venons d'exposer.

CHAPITRE VII.

—

DES CHARRUES A DÉFRICHEMENTS.

OBSERVATIONS SUR CES TRAVAUX.

Dans les terres à défricher, il se trouve beaucoup de racines d'ajoncs, de genêts, de bruyères et autres, qui opposent une grande résistance au soc et nécessitent l'emploi d'une Charrue à avant-train. Le soc de cette charrue devra être plus pointu et moins large que lorsqu'on opère dans des terres meubles et homogènes qui sont en planches ; on le fera plus large que pour les billons étroits : il s'insinuera mieux entre les racines, et le tranchant les coupera plus facilement.

Il est indispensable de placer devant le soc, dans sa face verticale, deux forts coutres qui fendront verticalement la bande de terre.

Adaptez au tranchant horizontal, au moyen de trois vis en dessous, une lame bien coupante de même forme, et qu'on pourra aiguiser à volonté.

Toutes les bruyères et autres plantes qui couvrent la terre devront être enlevées pour ne pas gêner le soc et les roues, à moins qu'il n'y ait des raisons particulières pour les laisser. Arrachez soigneusement toutes les grosses racines d'arbres, les culées et les blocs de pierre, qui résisteraient à toute espèce de machine. Toutes les parties de la Charrue devront être fortes et parfaitement liées entre elles.

Ces moyens réunis suffiront pour labourer avec deux bons chevaux et deux bœufs dans tous les terrains; mais s'il y a de trop fortes racines, il est possible qu'on soit arrêté et obligé d'enlever le soc pour passer outre; alors un homme coupera ces racines à mesure qu'elles se présenteront; cependant on pourrait ajouter à la Charrue l'installation d'une espèce de cric composé, qui donnerait les moyens de vaincre tous les obstacles avec un attelage très-faible. L'axe de la petite roue dentée serait celui de l'avant-train; on y fixerait un levier servant de manivelle; l'axe de l'autre roue, audessous du premier, serait fixé à celui-ci par deux supports; ce second axe serait aussi celui d'un treuil sur lequel s'enroulerait la chaîne qui tirerait le soc. A l'avant-train seraient liés deux arcs-boutants, se réunissant en avant à une espèce de jambe qui ne permettrait pas à la seconde roue de reculer en arrière; les points d'appui seraient le sol, les chevaux et deux blocs mis en arrière sous les roues de l'avant-train.

On arriverait au même but en employant la vapeur;

mais cette machine, dont l'établissement serait très-dispendieux, est inutile dans la plupart des circonstances. Il est essentiel d'observer que dans les défrichements, un labour profond sera plus facile que s'il était plus superficiel, vu que le tranchant horizontal rencontrera moins de racines, et qu'elles seront moins fortes.

Nous supposons agir dans le terrain le plus défavorable, celui qui n'a point été écobué ni brûlé, et qui est souvent recouvert, sous la terre végétale, d'une couche de 0,11 d'épaisseur de férouard, c'est-à-dire, d'un mélange du chevelu des racines de bruyères et d'autres parties terreuses, qui est difficilement rompu par le soc, et que les racines des jeunes plantes qu'on y sème ne peuvent pénétrer; nous allons considérer à ce sujet tous les cas qui peuvent se présenter.

Les terres marécageuses et les terres fortes et mouillantes qui sont riches en principes nutritifs, lors même qu'elles n'auraient pas de férouard, devront toujours être écobuées et brûlées avant le premier labour à deux raies, qui suffira pour enterrer la semence après que les cendres auront été étendues.

Dans les terrains secs et arides, on proscrit généralement l'écobuage et le brûlage, qui détruiraient le peu d'humus qu'ils contiennent; des expériences réitérées en grand nous ont démontré que lorsque ces terres contiennent du férouard, il est indispensable d'en brûler toute la couche, qui serait un grand nombre d'années avant d'être réduite en terreau, et qui s'opposerait aussi long-temps à la végétation de toutes les plantes confiées à la terre. En vain répandrait-on beaucoup de chaux vive dans un pareil sol, pour éviter le brûlage, elle serait très-coûteuse et ne produirait aucun effet sur le tissu qu'on doit détruire. Pour s'exempter les dépenses de l'écobuage dans ces terres, labourez profondément avec la Charrue à défrichement, de manière à retourner tout le férouard par bandes longitudinales. Lorsque les chaleurs de l'été l'auront desséché, mettez le feu dans les bruyères, qui seront en dessous de ces bandes, et le tout brûlera parfaitement, sans qu'il soit nécessaire de les diviser pour les lever en fourneaux. Dans ce cas, il faut bien se garder d'enlever préalablement ces bruyères ; cette opération, loin de diminuer les principes nutritifs du fond, les accroîtra considérablement par l'abondance des cendres de bruyères et du chevelu de leurs racines.

Il n'y a que les terres sèches, dépourvues de férouard, qu'il sera bon de labourer sans brûlage postérieur; après en avoir coupé les bruyères, on pourra y répandre un peu de chaux vive pour consumer les racines.

Quoique tout le systême de la charrue à défricher soit plus léger, il est cependant moins susceptible de se rompre, parce que sa position et sa marche étant moins variables, il supporte moins d'efforts de la part du laboureur, et la ligne de tirage passant par le centre de résistance, l'attelage ne tend pas à imprimer un mouvement de rotation qui détruit l'assemblage des diverses pièces. La solidité de cet instrument n'a pas été altérée dans le défrichement de plus de quarante hectares de landes très-difficiles à labourer, où l'on aurait brisé plusieurs charrues ordinaires.

CHAPITRE VIII.

—

EXPRESSIONS DES DIVERSES RÉSISTANCES QU'ÉPROUVE LE SOC.

Dans le coin pyramidal que nous avons considéré (fig. 3), prenons les trois arrêtes de l'angle droit pour les trois axes rectangulaires parallèles aux composantes des résistances. Soit Q la résultante des résistances sur le tranchant horizontal; sa composante perpendiculaire à la face verticale sera

$q = Q \times \frac{AB}{BC} = Q \times \cos X$ en représentant l'angle A B C par X ; sa composante parallèle au mouvement sera

$$q' = Q \times \frac{AC}{BC} = Q \times \sin X.$$

Soit S la résistance totale sur le tranchant vertical, et Y l'angle A B D; sa composante verticale sera

$$s = S \times \frac{AB}{BD} = S \times \cos Y.$$

Sa composante parallèle au mouvement sera

$$s' = S \times \frac{AD}{BD} = S \times \sin Y.$$

Soit R la résultante des résistances qu'éprouve la face inclinée, a, b, Z, les angles qu'elle fait avec ses trois composantes parallèles aux axes rectangulaires AB, AC, AD; Z sera l'angle de la face inclinée avec la face horizontale, formé par les perpendiculaires AE, DE sur le tranchant horizontal. Construisons le parallèlipipède AKIGH égal à celui qu'on aurait en décomposant la résultante R en trois forces suivant trois axes partant du centre M de résistance sur le plan incliné, et parallèles aux axes précédents.

La composante verticale r est:

$r = R \times \cos Z = R \times \frac{AE}{DE}$.

La composante r' parallèle au mouvement est

$r' = R \times \cos a = R \times \frac{AD}{DE} \times \frac{AC}{BC} = R \times \sin Z \times \sin X$.

La composante horizontale r'' perpendiculaire au mouvement est:

$r'' = R \times \cos b = R \times \frac{AD}{DE} \times \frac{AB}{BC} = R \times \sin Z \times \cos X$.

Ainsi les pressions perpendiculaires sur la face verticale du coin sont:

$q + r'' = Q \times \cos X + R \times \sin Z \times \cos X$ qui, combinées avec la résistance qu'éprouve cette face, produiront par le frottement une résistance directement opposée au mouvement que nous représenterons par R'.

Les pressions perpendiculaires sur la face horizontale sont:

$$r + s = R \times \cos Z + S \times \cos Y$$

qui, combinées avec le poids du coin et la résistance qu'éprouve cette face, produiront aussi par le frottement une résistance opposée au mouvement, que nous désignerons par R''. Toutes les composantes opposées au mouvement étant réunies, donneront une résultante

$$T = q' + s' + r' + R' + R'' = Q \times \sin X + S \times \sin Y + R \times \sin Z \times \sin X + R' + R''.$$

BIBLIOTHEQUE ROYALE
I

TABLE DES MATIÈRES.

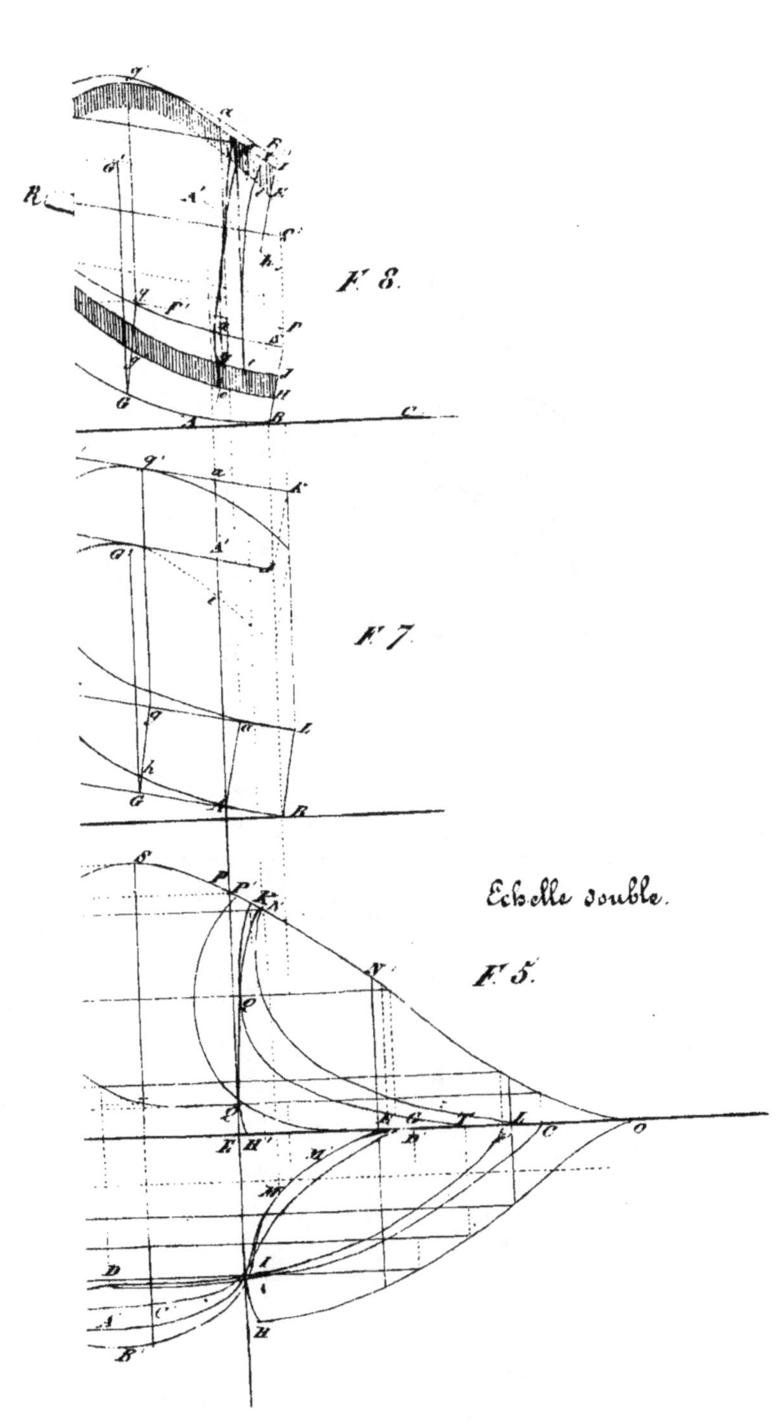
F. 8.
F. 7.
Echelle double.
F. 5.

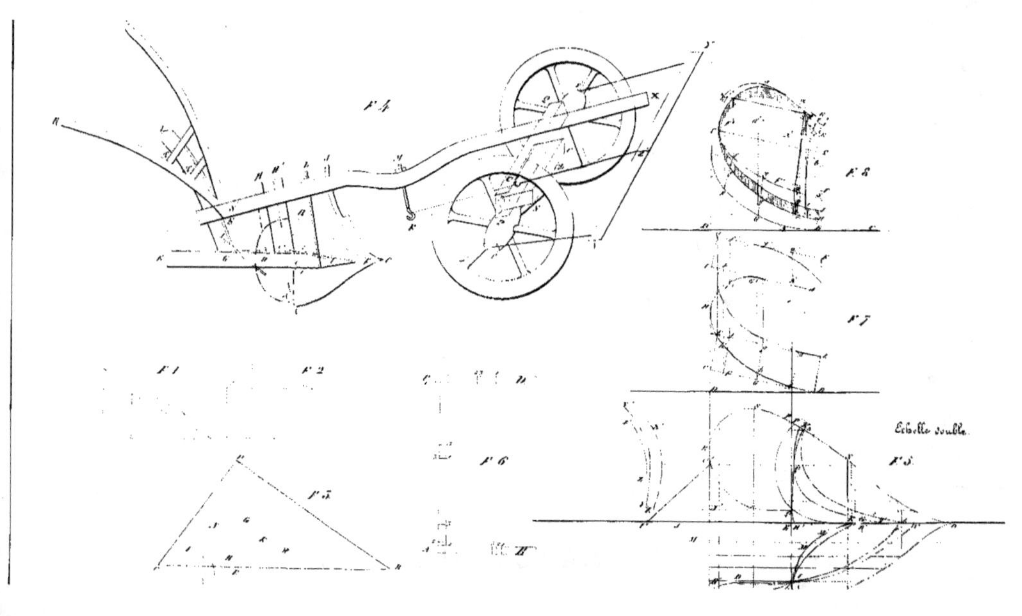
F 4
F 8
F 7
F 1
F 2
F 6
F 3
F 5
Echelle double.

www.ingramcontent.com/pod-product-compliance
Lightning Source LLC
LaVergne TN
LVHW011955160826
845678LV00002B/545